Lotukerfinu

Nánast óendanlegir hlutir og efni í kringum okkur eru í raun samsett úr aðeins takmarkaðan fjölda frumefna . Við vitum í dag að 91 eru náttúrulega á Jörðinni . Þeir byrja með vetni sem myndaðist skömmu eftir að alheimurinn varð til . Hin 90 voru gerðar annað hvort með því að kjarnahvörfum sér stað í kjarna brennandi stjörnum eða hinum ægilegu sprengingar kallast supernovas sem eru stundum framleitt þegar stjörnur deyja . Nokkrir fleiri þættir eru gerðar tilbúnar í rannsóknarstofum .

Hver þáttur hagar sér öðruvísi og hefur mismunandi eiginleika frá öllum öðrum. A kerfi skipuleggja upplýsingar um efnafræðilega eiginleika þætti og efnasambanda sem þeir mynda er grundvallaratriði. Nútíma lotukerfi byggist fyrst og fremst á vinnu rússneska efnafræðingnum Dmitry Mendeleyev sem borð út árið 1869 sett þá þætti í láréttar línur í samræmi við þyngd þeirra við eina röð undir annan þannig að allir þættir með svipaða eiginleika féll í lóðrétta dálka . Á 20. öld með þekkingu fengist um uppbyggingu atómsins , rétta leiðin að panta atriði var uppgötvað og núverandi lotukerfi var mótuð.

Atóm samanstanda af róteindum , nifteindum og rafeindum eru helstu þættir atriði. English eðlisfræðingur Henry Moseley sýnt að það sem ákvarðar hegðun hvert frumefni er Sætistala þess, fjöldi róteinda í kjarna þess, ekki lotukerfinu þyngd hennar sem er mælikvarði á heildarfjölda róteinda og nifteinda í kjarna . Rétta leiðin til að panta þá þætti í lotukerfinu var því með sætistölu þeirra . Þrátt fyrir að atómin í tilteknu frumefni hafa sama fjölda róteinda þeir geta haft mismunandi nifteindir . Þetta eru kallaðir samsætur og tilvist þeirra útskýrir hvers atómmasi er óáreiðanlegur mælikvarði á stöðu stak í lotukerfinu.

The hlutum er raðað í röð eftir sætistölur þeirra í raðir sem kallast tímabil . Flytja frá vinstri til hægri í lotu , það er umskipti af þáttum sem eru málmar til þeirra sem eru málmleysingjar. Lóðrétt dálkum lotukerfisins eru kallaðir hópar. Allir þættir innan hóps hafa svipaða eiginleika efna og eru stundum vísað til sem fjölskyldur þætti .

HVERS VEGNA Elements innan samstæðunnar hafa svipaða efnafræðilega Behaviour

Sætistölu ákvarðar hversu margir neikvætt hlaðnar rafeindir er að finna í atómum tiltekins frumefni og það er í uppbyggingu rafeinda sporbraut kjarnann sem ákvarða hvernig þættir bregðast við annað . Þessi dreifing rafeindir í Valence, eða ytri, skel á atómið sem fengu önnur atóm þegar þeir bregðast við. Þættir sem hafa gildisrafeindir skeljar eru alveg fullt eru ákaflega stöðugur og virðast bregðast við nánast ekkert annað . Þá sem eru með ófullnægjandi skeljar mun hafa tilhneigingu til að bregðast við öðrum atómum á þann hátt sem mun ljúka þessum skeljar . Atóm með svipaða Valence - skel stillingar hafa svipaða eiginleika efna . Þættir í sama hópi í lotukerfinu hafa sama fjölda hlaðinna rafeinda .

Lotukerfið er þá kort af leiðinni þar sem rafeindir raða sér í atómum tiltekins frumefni . The geta til að spá fyrir um efna hegðun stak byggt á röð og dálk sem það er að finna gerir í lotukerfinu ómetanleg tilvísun tól fyrir sérfræðinga í vísindum .

VETNI
Sætistala : 1
Chemical Auðkenni: H
Hópur : 1A

Vetni samanstendur af engu meira en einni róteind , sem virkar sem kjarna hennar , hringur með einni rafeind . Einfaldleika hennar hjálpar til við að útskýra hvers vegna það er lang algengasta frumefni , sem gerir um 93% af öllum atóma í alheiminum . Hydrogen er gas , sem hefur enga lykt eða bragð , er algjörlega litlaust og ákaflega flammable.The samsetning af vetni við súrefni framleiðir algengasta efnasamband þess, water.Hydrogen er einnig að finna í lífrænum efnasamböndum , líffræðilegum efnasamböndin sem eru tilstaðar í lífverum , í smyrsl , litarefni, skordýraeitur, DNA og prótein ! The listi goes á og á !

Helíum
Sætistala : 2
Efnatáknið : Hann
Hópur VIII A - eðallofttegundar

Eins og öll eðallofttegundar , helíum er litlaus og odourless.Together vetni og helíum mynda með ævintýralegum 99,9% atriða á alheiminum . Nafn þess kemur frá gríska ' Helios ' sem þýðir að " sól " . Helium frá Sun er framleitt með því að samruna vetni. Þessi viðbrögð veitir orku sem sólin glætt í geiminn . Helíum hefur lowdensity og er því gagnlegt í Loftskip og blöðrur leikfang fyrir endurnýjuðum styrk í air.Astrnomers nota mjög kalt vökvann úr af helíum til að fjarlægja varma ' hávaða ' gerir það auðveldara og áreiðanlegri að fá gögn frá fjarlægum vetrarbrautum .

Lithium
Sætistala : 3
Chemical Auðkenni: Li
Group IA- alkalímálmar

The málmur litíum er mjög viðbrögð og sameinar með áli að mynda lowdensity setningafræðilega sterkt ál notað í flugvélum og spaceships . Það er einnig notað sem jákvætt enda eða forskautinu í litlum rafhlöður sem notuð eru í myndavél, | a og reiknivélar. Litíum hýdroxíð er mjög duglegur loft - purifier. Það gleypa CO2 úr loftinu til að mynda litíum karbónat . Lithium hefur hæstu varmarýmd hvaða frumefni . Þessi eign gerir það tilvalið Hitið Flytja efni og það er verið að nota í tilrauna- kjarnaofnum að gleypa hita framleitt af sundra úran.
Í læknisfræði litíum karbónat og litíum sítrat eru þekkt sem mjög árangursríkur skapi sveiflujöfnun í oflæti - depressive .

beryllín
Sætistala : 4
Chemical Auðkenni: Vertu
Group IIA -The jarðalkalímálmum

Í hreinu formi , beryllín er ljós , nokkuð erfitt , grá - hvítur málmur . Eins og öll málma sem gera upp á jarðalkalí Group, er það allt of efnafræðilega hvarfgjamir til að finna í frjálsa stöðu. Innstæður steinefni beryllín er dreift yfir Brasilíu , Argentínu og Bandaríkjunum . Kristallar af beryllín eru þekktir fyrir framúrskarandi útliti þeirra . Bæði Emerald og Glær eða blágrænn eðalsteinn er náttúrulega dýrmætt eyðublöð þessa steinefni . Beryllín gegnt lykilhlutverki í the uppgötvun af the nifteind árið 1932 og er enn gagnlegt í rannsóknum á lotukerfinu kjarna .

BORON
Sætistala : 5
Chemical Auðkenni: B
III A

Bór er erfitt , brothætt , ekki úr málmi þáttur . Það er venjulega bundið við súrefni , vatni og natríum í samsett sem kallast borax sem er notað sem hreinsun sem er og vatnsmýkingarefni . Þegar vatni er mildað , þar sem magnesíum og kalsíum eru skipt út fyrir tiltölulega skaðlaus natríum og kalíum. Annar bórsamband er bór aced notað í iðnaði til að gera pyrex , sérstakt hitaþolnum gler notað í eldhúsum . Bór ' stöfunum ' eru lykilatriði í nýtingu kjarnorku reactors . Þau er hægt að lækka í hvarftank sem á að gleypa nifteindir þannig að stýra samhliða kraft verið framleidd á reactor.

CARBON
Sætistala : 6
Táknið : C
Hópur IV A

Kolefni táknar aðeins 0,09 % af jarðskorpunni við massa , en það er þáttur mest ómissandi fyrir líf á jörðinni okkar . Carbon skuldar miðlæga stöðu sína í lífræna heim til getu frumeinda þess að krækja upp með aðra koiefnisatóma að mynda langar keðjur sem eru annaðhvort beinn eða greinótt . Ein slík lengi læst sameind í DNA sem finnast í erfðaefni allra lffforma. Þættir geta til innan nokkurra náttúrulegum formum sem kallast allotropes . Carbon er að finna i allotropic form eru úr grafiti, kol og að mestu spectacularly demanti.

NITROGEN
Sætistala : 7
Táknið : N
Hópur V A

Köfnunarefni skortur allir vit örvun eign og við erum stöðugt að anda í miklu magni eins og við anda að sér lofti . Það drottnar lofttegunda í andrúmsloft jarðar að gera upp smá 78 % miðað við rúmmál . Köfnunarefni eyðublöð hundruð þúsunda efnasambanda sem eru mikilvæg fyrir landbúnaði og iðnaði mikilvægasta sem er ammoníak . Á gasformi þess, köfnunarefni er oft notuð við aðstæður þar sem það er mikilvægt að halda öðrum , fleiri en einn hvarfgjarnan andrúmslofti lofttegundir í burtu. Til dæmis, til að koma í veg fyrir oxun á vín, vín flöskum eru oft fyllt með köfnunarefni eftir að korki er fjarlægt.

súrefnis
Sætistala : 8
Táknið : O
Group VI A

Súrefni er til staðar í andrúmsloftinu í vatni , og í jarðskorpunni í gríðarlegri fjölbreytni steinda . Það er nauðsynlegt fyrir líf og hluti af hverri líffræðilegri sameind í líkama okkar . Þótt margir náttúrulegum ferlum neyta súrefni , er það stöðugt replenished með ljóstillífun plantna þannig sífellt verið neytt og sífellt verið framleitt. Enska efnafræðingur Joseph Priestley er lögð við uppgötvun af súrefni . Hann hituð oxíð kvikasilfurs og tekið fram að gas það gaf burt olli kerti að brenna með ótrúlega ljómandi loga . The gas var súrefni !

Flúor
Sætistala : 9
Táknið : F

Hópur VII A - Halógenar
Flúor er Minnsta, létta og hvarfgjamasti halógen . Öll atóm í þessum hópi auðveldlega sameina við málma til að mynda sölt . Í mörgum heimshlutum natríum flúoríð er bætt við opinber vatnsból . Rannsóknir hafa sýnt að í litlu magni flúors getur hægja á þróun hættu á holrúmum f tanna. Í viðurvist af vetni, flúoró brennur með sprengiefni afl framleiða vetni flúor , sem þegar leyst er upp í vatni myndar flúorsýru . Það er mjög hættulegt. Hins vegar er hún notuð til að leysa upp gler og er notað til að æta hönnun á gler hluti.

NEON

Sætistala : 10
Táknið : Ne
Hópur VIII A- eðallofttegundar

Neon eins og öll eðallofttegundar er monoatomic . Þekki neon skilti í storefront og veitingahúsum glugga innihalda neon gas sem glóa þegar það er orkugjafi með rafmagns útskrift . Þegar þetta gerist , neon atóm í gas gefa burt geislun í formi appelsína - rautt ljós . Mismunandi lofttegundir eru notaðar til að framleiða merki um mismunandi Colurs . Sérhver gas þegar spennt geislar eigin einkennandi lit . Auglýsing Neon er framleitt í loft - þétting fer . Vegna Neon hefur suðumark -229 gráðu gráðum , er það sem leifar eftir sveiflukenndara köfnunarefni og súrefni hef soðið burt!

Natríum
Sætistala : 11
Táknið : Na
Group IA- alkalímálmar

Natríum er mjög viðbrögð björt silfurgljáandi málmur létt nóg til að fljóta á vatni og mjúk nóg til að skera með hníf . Það er hluti af mörgum mikilvægum efnasambanda sem finnast víða dreift um jörðina . Natríumklóríð , efna nafn fyrir matarsalt er anna í miklu magni frá náttúrulegum innlánum salt . Natríumbíkarbónati almennt þekkt sem bakstur gos er notað til að gera bakaðar vörur hækkun þegar það er hitað eða konditorstykki deigið rísa þegar þær eru bakaðar . Það er einnig notað til að hlutleysa of maga sýrustig og sem umboðsmaður í slökkvitæki .

MAGNESIUM
Sætistala: 12
Táknið : Mg
Group A -The jarðalkalímálmum

Magnesíum er til staðar í slíkum miklu magni í sjó sem höf heimsins innihalda nánast ótakmarkað framboð af uppleystu efni. Mikill kostur þess er að það er mjög létt sem einnig gerir það tilvalið til framleiðslu bifreið og flugvélar hlutum , máttur verkfæri, garðsláttuvél hylkjum og kappreiðar hjól . Magnesíum er líka mikilvægt fyrir rétta næringu í mönnum vegna þess að það er nauðsynlegt fyrir eðlilega starfsemi nokkurra ensíma . Það gegnir einnig mikilvægu hlutverki í að gera upp á græna Klórófyll staðar í öllum grænum frumur plantna.

ALUMINUM
Sætistala : 13
Táknið : Al
III A

Yfirleitt að finna í náttúrunni ásamt súrefni , ál er algengasta málmur í jarðskorpunni . Það er léttur og góður leiðari rafmagns , tveir eiginleikar sem gera það tilvalið efni fyrir a breiður úrval af vörum . Það er frábært reflector geislunar og er notað fyrir ýmsar gerðir af loftnet , hita reflectors og sól speglum . Utan þessar aðrar eignir , ál er nokkuð viðbrögð . Það myndar oxíð lag sem kemur í veg fyrir það frá frekari viðbrögð við umhverfið þannig að það er yfirleitt talin tæringarþolnu . Ál er einnig ekki eitrað , lyktarlaust og bragðlaust .

SILICON
Sætistala : 14
Chemical Auðkenni: Si
Hópur IV A

Efnasambönd kísill bundið efnafræðilega súrefni gera upp flest jarðar sandi , rokk og jarðvegi . Í dag sílikon er grunnur dvergrássartækni iðnaður . Notkun sílikon flögum í prentuðu hringrás hefur gert það mögulegt að minnkandi herbergi stór tölva í sjálfur að geta hvíla í kjöltu þinni . Mikilvægasta sílikon efnasamband er kísill sem er til í tveimur formum - kvars og tinnu. Lítil gems og hálfeðalsteinar eru krístallar af kvarsl með lltuðum öhrelnlhðum. Sílica er notað i tramleiðslu á gleri. Keramik og sílikon eru aðrar mikilvægar flokkum efnasambanda byggt á kísill .

fosfór
Sætistala : 15
Táknið : P
hópur VA

Fosfór var uppgötvað af lækni Hennig Brand í 1669 . Hann eimuð Leifarnar af soðnum niður þvagi og fengið eitthvað sem glowed í myrkrinu og springa í eldi í hlýju lofti . Fosfór og ljósi losun eru enn tengd í fyrirbæri þekkt sem fosfórljómunar . Sink súlfíð er sjálflýsandi efni sem gefur frá sér scintillations ljós þegar laust við fljótur áhrifamikill rafeindir . Þessi áhrif á húðun sjónvarp hólkur framleiðir sjónvarpsmyndinni. Næstum öll fosfór sem notuð eru í atvinnuskyni er að gera fosfórsýru. Helstu notkun þess er í framleiðslu á tilbúnum áburði - jarðvegi án fosfórs er óbyrja . Algengt er að finna í tveimur formum þ.e. rautt og gult, fyrrum er notað til að gera öryggisráðstafanir samsvörun.

SULPHUR
Sætistala : 16
Táknið : S
Group VI A

Sulphur er hvarfgjarn non- málmi að finna í náttúrunni bæði í frjáls elemental um stöðu og í formi víða dreift málmgrýti og steinefni. Nokkrar algengar steinefni Sulphur eru gifs þ.e. kalsíum súlfat og pýrit oft þekkt sem '' gull heimskingjans ' . Auk þess að mikilvægi þeirra í að gera tilbúins áburðar , varðveita mat , bleikja textílefni og þrif málma , hafa Sulphur efnasambönd hundruð annarra nota í að jafna málma frá málmgrýti , gerð gúmmí , þvottaefni, málningu og litarefni og syntetískum trefjum . Reyndar stigi þjóðarinnar um iðnþróun ræðst af neyslu á mann hennar Sulphur.

klór
Sætistala : 17
Táknið : Cl
Hópur VII A - Halógenar

Klór er eitruð gulleit grænn tvíatóma gas . Inhaling jafnvel lítið magn getur valdið alvarlegum lungnaskaða . Eituráhrif chorine gerir það gott sótthreinsandi fyrir sundlaugar og vatnsból . Mikilvægur efnasamband með klór er vetni klóríð, A gas sem leysist upp í vatni til að framleiða saltsýru. Saltsýra er til staðar í magasafa á maganum þar sem það er nauðsynlegt til að virkja prótein útdráttur ensím. Mikið magn af klór hafa verið notuð til að framleiða skordýraeitur. Margir hafa verið nýlega bannað eins og þeir eru talin umhverfi mengunarefna .

argon
Sætistala : 18
Táknið : Ar
Hópur VIII A- eðalofttegundar

Árið 1894 , argon varð fyrsta Eðalgas að vera uppgötvað. Auglýsing umsókn hans nýta skortur á viðbragðshæfni . Argon er rotnun afurð mikilvægan geislavirku samsætu notað fyrir stefnumótum sýni rokk , kalíum - 40.The tækni er kölluð kalíum - argon deita . Kalíum hefur óvenju langur helmingunartími

1,25 milljörðum ára og er til staðar í mörgum steinum. Þegar kalíum 40 decays , umbreytir hún sig í argon . Þannig má ákvarða aldur stein með því að ákvarða hversu mikið argon er til staðar . Elstu jarðlögin á jörðinni hefur verið ákvarðað með þessari aðferð sem 3,8 milljarðar ára .

kalíum
Sætistala : 19
Chemical Auðkenni: K
Group IA alkalímálmar

Kalíum er mjög viðbrögð vegna er aldrei að finna í frjálsu ríki þess í náttúrunni . Það er að finna á yfirborði sjávar -vatni , en í minna magni en natríum -, efna jafngildi hennar. Kalíum er nauðsynlegt fyrir vöxt plantna svo mikið af kalíum í uppleystum steinefnum er tekið upp af plöntum áður ná að sjó . A náttúruleg samsæta af kalíum er potssium - 40.Human líkami inniheldur 140 grömm af kalíum . Þar er gnægð af kalíum - 40 er 0.012 prósent , við erum öll að hluta byggt upp af þessum reactive samsætu . Það er stórt framlag til skammt ævi okkar af geislun

kalsíum
Sætistala : 20
Chemical Auðkenni: Ca
Group A - alkalí jarðmálmar

Kalsíum er mikilvægur þáttur í a breiður svið af lífverum . Manna tennur og bein innihalda kalsíum og sjávar líffæri mynda skeljar sínar kalsíum karbónat. Lime , að efnasamband úr kalsíum er ómissandi iðnaðarefni . Eitt af fyrstu notar þess var í leikrænni lýsingu. Þegar lime er hituð upp í hátt hitastig , gefur það burt mikil bláleit - hvítt ljós . Það var notað í upphafi 19. aldar til að lýsa leikara sem gefur tilefni til orðasambandið "í brennidepli. " Sennilega mikilvægasti nútíma kalki er í framleiðslu á járni úr málmgrýti hennar .

skandín
Sætistala : 21
Chemical Auðkenni: Sc
III B First Row Umskipti Element

Skandín höfuð Fyrsta þætti róður umskipti. Allir eru nokkuð óhvarfgjarnar málmar og margir eru afar hættuleg . Skandín er mjög ljós þyngd málmur með nokkuð háu bræðslumarki og sýni góða mótstöðu gegn tæringu . Þessir eiginleikar hafa gert það af miklum áhuga til geimferða iðnaður fyrir byggingu á loftfari . Skandín myndar nokkrar gagnlegar efnasambönd . The málmur sjálft hefur fundið sumir nota í raftækjum svo sem hár styrkleiki lampar sem gefa frá sér ljós með lit gildi nærri að náttúrulegt sólarljós . Lampar af þessu tagi eru oft notuð til að lýsa fótbolta stadiums .

TITANIUM
Sætistala : 22
Táknið : Ti
Group IV B First Row umskipti Element

Títan í hreinu formi er málmur sem auðvelt er að vinna og alveg sveigjanlegt eða geti verið dregin inn vír . Þrátt ljós þyngd sinni , það er óvenju sterk og nánast ónæmur venjulegum konar málmr þreytu . Það hefur einnig einstakt gegn tæringu þannig að það hefur alla eiginleika sem þarf til að gera það tilvalið efni fyrir vél þota og eldflaugar . Mikilvægasta efnið er díoxíð títan efni með mikilli ljómandi hvítum lit sem er notað sem litarefni í málningu, pappír og plasti .

vanadíum
Sætistala : 23
Táknið : V
Hópur VB First Row Umskipti Element

Vanadíum er björt glansandi málmur sem er nokkuð mjúkur og mjög ónæmur fyrir tæringu . A Mexican prófessor í steindafræði viz Andres Manuel del Rio uppgötvaði vanadiums árið 1801 . Það var síðar nefnt eftir skandinavíska gyðja Vanadis vegna margra fallega litað hennar efnum . Um 80 % af kopar, vanadín, sem er framleitt í Bandaríkjunum fer í framleiðslu á stáli.

CHROMIUM
Slökunarkrampa númer : 24
Chemical Auðkenni: Cr
Hópur VI B First Row Umskipti Element

Króm hét af gríska orðinu ' Chroma ' sem þýðir litur . Hin fallega lit mörgum dýrmætur gems - rauðu af rúbínar , einkennandi grænum Emeralds - er vegna þess að tilvist rekja magn af krómi . The málmur er venjulega dregin út úr chromite , oxíðs úr krómi sem er mikilvægasta málmgrýti þess. Snertingar við loft , króm myndar ósýnilega oxíð sem gerir það afar tæringu og mjög gagnlegt , bæði sem skreytingar og hlífðar húð yfir aðra málma eins og kopar, brons og stáli . Chromium er einnig notuð til að framleiða úr ryðfríu stáli .

Mangan
Sætistala : 25
Táknið : Mn
Hópur VII B First Row Umskipti Element

Mangan er hart grá - hvítur málmur sem lítur út eins og hefur marga eiginleika svipað járni . Bæti mangan stál gerir er óvenju erfitt og þola áfall . Svo stál er tilvalið til notkunar í riffill tunna, banka vaults , járnbrautarteinunum, og Earth Moving Equipment . Mangan bætir einnig hörku , styrk og vörn gegn tæringu að málmblöndur af áli og magnesíum. Efnasambandið kalíum permanganati hefur purplish lit sem þó stundum sjá f forn gler. Þó gler framleiðendur ekki lengur nota mangan , getu sína til að lita hluti er notaður til bjartari keramik og leirmuni .

IRON
Sætistala : 26
Táknið : Fe
Hópur VIII B First Row Umskipti Element

Járn er líklega algengasta málmur í mannlegu samfélagi . Hvort sem við erum að nota skrúfjárn eða hjóla í bíl eða lest , mikilvægi og nytsemi járns sem smíðaefnisins er augljóst . Inni í jörðinni þekktur sem kjarna er gert úr bráðnu járni. Hæfni til að betrumbæta málm starfaði sem markar tímamót í mannlega þróun þekktur sem Iron Age (1000 f.Kr.) . Uppgötvun forystu sína til verkfæri og vopn sem voru erfiðara og meira varanlegur en í Bronze Age . Í dag meira en 90 % af öllum málmum hreinsaður er járn .

kóbalt
Sætistala : 27
Táknið : Co
Hópur VIII B First Row Umskipti Element

Stór málmgrýti af kóbalti er cobaltite . Hreina málmur er fengin með því að hituðum this málmgrýti. Nafnið kóbalt kemur frá þýska ' kobold ' sem vísar til óhreinum anda . Miners oft sagt að slysa í huga voru af völdum ' kobold ' . Cobalt er bætt við stál til að bæta viðnám þess tæringu. Þegar kóbalt er blandað með wolfram og kopar , myndar það Stellite , málm sem heldur hörku við háan hita sem gerir það tilvalið fyrir hár hraði æfinga og klippa hljóðfæri . Eins Iron cobalt er auðvelt magnetized . The öflugur segulmagnaðir efni þekktur sem Alnico er málmblanda af kóbalt , áli og nikkel .

nikkel
Sætistala : 28
Táknið : Ni
Hópur VIII B First Row Umskipti Element

Nikkel er oft bætt við aðra málma eins og járn og stálið til að mynda málmblöndur ónæmur fyrir oxun. Nichrome málmur notaður til að gera upphitun frumefni í toasters og rafmagns ofna er málmblanda af krómi og nikkel . Hátt rafmagns viðnám nichrome ásamt mikilli bræðslumark hennar gerir það mjög duglegur efni til að umbreyta raforku til að hita . An mikilvægt að nota sem málmurinn er í nikkel-kadmíum rafhlöður . Þessi rafhlaða er hægt er að endurhlaða , sem gerir það sérlega gagnlegt í reiknivélar , tölvur og þráðlaus rafmagns rakvél .

COPPER
Sætistala : 29
Táknið : Cu
Hópur IB First Row Umskipti Element

A þekki notkun vatns er í rör sem bera vatnið inn í eldhúsið . Því kopar er einn af bestu leiðarar af rafmagni , er kopar vír víða notað til að senda raforku frá virkjunum til heimili, skrifstofur , verksmiðjur og aðrar byggingar og frá vegg verslunum til raftæki. Kopar var einu sinni notað til að gera hnappur fyrir samræmdu jakki fyrir lögreglumenn þess vegna hversdaglegra ' kopar ' fyrir lögreglu. Kopar , málmblendi kopars og sinks er fjölbreytt úrval af notar frá vélbúnaði til sinki .

ZINC
Sætistala : 30
Táknið : Zn
Hópur I B First Row Umskipti Element

Í hreinu formi, sink er erfitt , stökkur , silfurhvítur málmur . Það er tiltölulega tæringarþolinn og fljótt myndar harða oxíð lag sem kemur í veg það frá bregðast frekar með lofti . Í því ferli sem kallast galvanization , lag af sinki er húðuð á stáli til að koma í veg fyrir tæringu. The málmur hefur marga aðra möguleika. Eitt af því sem mestu máli skiptir er í sameiginlegri þurr klefi rafhlaða . Síðan 1981 sink hefur starfað sem æðstu málmi í Bandaríkjunum eyri . Sink er einnig notað með kopar til að mynda kopar .

Gallín
Sætistala : 31
Táknið : Ga
III A Post Umskipti Metal

Gallín er afar mjúkur málmur með mjög lágt bræðslumark og sem hefur mjög mikinn suðumark 2403 gráðu á celsíus. The svið af hita þar sem Gallín er vökvi er stærstur allir þekkt málmi . Þetta gerir það að gagni fyrir sérstökum mikla hitamæla . Þar til nýlega nokkur hagnýt forrit af Gallín voru þekktir . Þetta breyst hratt með uppgötvun sem Gallín arsenide geti virkað sem leysir díóða og umbreyta raforku beint inn leysigeisla. Ljós emitting díóða eru notuð í ýmsum áhorfandi og autodisc leikmenn .

German

Sætistala : 32
Táknið : Ge
Hópur IV A Metalloid

German er tiltölulega sjaldgæft dökk grár solid þáttur . Það er aldrei að finna í hreinu formi í náttúrunni en ásamt súrefni. German er kallað hálf - leiðari . The samlagning af lítið magn af óhreinindum eykur til muna getu sína til að sinna rafmagn . ' Efnabætt ' German er notað til að gera smára sem eru í hjarta storkuhamur rafeindatækni iðnaður . Með lyfjanotkun tugir þúsunda smára geta nú myndast á litla German flís sem í raun verður lítill tölva . Slík efni hafi gert mögulegt bylting í rafeindatækni miniaturization .

arsen
Sætistala : 33
Táknið : Eins
Hópur VA Metalloid

Arsen er stökkt kristallað, fast efni við stofuhita. Í formi arsenious oxide það er vel þekkt eitur. Það er notað sem illgresi killer og skordýraeitur. Arsen sem eitur hefur að fanga ímyndunarafl af mörgum glæpur rithöfundur . Áður nýlegum framförum í réttar tækni , það var ómögulegt að greina í líkama fórnarlambsins . Þó eitur , hafa arsen sambönd verið notuð til lækninga eins og heilbrigður , the heilbrigður þekktur vellíðan '606 ' hugsað af Paul Ehrlich sem lækning fyrir sárasótt .

Selen
Sætistala : 34
Táknið : Se
VI Group A Metalloid

Selen bera steinefni eru of skornum skammti til að anna hagnaði . Þar sem metalloid er að finna í félaginu af kopar og Sulphur , nánast allt selen skilst sem bless- vöru kopar hreinsun og framleiðslu á brennisteinssýru . Selen er til í tveimur formum - rauður og grár . Gray Selen er photoconductor þýðir að þrátt fyrir léleg leiðari rafmagns Venjulega , verður það og framúrskarandi leiðari í návist ljóss . Þetta gerir selen dýrmætt sem ljós skynjari í vélfærafræði og ljós metra .

bróm
Sætistala : 35
Táknið : Br
Hópur VII A Halógenar

Bróm er rauðleit vökvi með acrid lykt . Nafn þess er dregið úr grísku bromos þýðir vægur fnykur . Bróm má finna í sjó , neðanjarðar salt jarðsprengjur, og djúp -pÃ brunna . A helstu notkun af brómi er í framleiðslu á bensín aukefni sem kallast etýlen dibromlde . Þetta efnasamband fjarlægir forystuna aukefni eftir brennslu bensíns í veg fyrir myndun leiða innlánum . Brómi er ákaflega eitrað og brennir húðina. Ennfremur skaðlega gufum þess geta skemmt nefi og hálsi .

Krypton
Sætistala : 36
Táknið : Kr
Hópur VIII A eðallofttegundar

Árið 1933 Linus Pauling áskorun þá hugmynd að eðallofttegundir voru efnafræðilega óvirkt. Tilvist af efnasambandinu sem hann spáð af krypton og flúor var staðfest árið 1966. Krypton er lyktarlaus, bragðlaus , litlaus alveg skaðlaus gas . Höfðingi Notkun þess er í ' neon ' ljósin sem eru hluti af nútíma landslagi . Þegar innsigluð í gler rör og sæta rafmagns útskrift , krypton framleiðir föl fjólublár litur notaður fyrir Airport flugbrautinni og nálgun ljós . Krypton er einnig notað blandað með xenon í hár styrkleiki , stutt - útsetningu ljósmynda glampi blómlaukur eða Strobe ljós .

rúbidium
Sætistala : 37
Táknið : Rb
Group IA alkalímálmar

Rúbidium er silfurgljáandi , mjög mjúkur mjög viðbrögð málmur sem brennur sjálfkrafa þegar kemst í snertingu við loft . Það hvarfast einnig kröftuglega við vatn sem gefur út mikið magn af vetni sem strax brýtur sér leið inn eldi vegna hita mynda með hvarfinu . Rúbidium er alltof viðbrögð til sem hreint málm í náttúrunni og fáir rúbidium bera steinefni eru þekkt . Rúbidium hefur litla auglýsing gildi . The málmur var uppgötvað árið 1861 af þýskum efnafræðingar Robert Bunsen og Gustav Kirchoffs . Þeir bent á það með spectral línur sem óhreinindi meðal margra alkalímálmar þeir voru að rannsaka .

strontíum
Sætistala : 38
Táknið : Sr
Group IIA The jarðalkalímálmum

Strontíum hefur lítið auglýsing notkun og sambönd hennar hafa fundið aðeins takmarkaða umsókn í iðnaði . Þar strontíum sölt eins og strontíum nat senda frá sér einkennandi rauðum lit þegar þeir brenna , þau eru notuð í viðvörun þjóðveginum blys og skotelda. Einn af samsætur af strontíum , Sr - 90 er geislavirkt eftir vöru af kjarnorku sprengingar og geta mengað stór svæði af umhverfi í gegnum Fallout frá andrúmsloftinu . Þar strontíum 90 er framleitt þegar úran umbrotnar fission , rekstraraðilar kjarnaofnum verður að vera stöðugt á varðbergi til að koma í veg fyrir slysni losun þess út í umhverfið .

Yttrín
Sætistala : 39
Táknið : Y
III B Umskipti Element

Yttrium er að finna í litlu magni í jarðskorpunni en björgin flutt aftur frá tunglinu hefði ófyrirsjáanlega hátt Yttrín efni. Þegar hitastig þeirra er lækkað niður í aðeins nokkrar gráður fyrir ofan alkul , næstum öll málmar sýna ekki rafviðnám af neinu tagi . Afar lágt hitastig eru óhagkvæm þó . Árið 1987 vísindamenn tilkynna the uppgötvun á efnasambandi með yttríum , kopar og baríumoxíði sem var ofurleiðari í 93 Kelvin gráðum. Aðrar blöndur af þessum frumefni eru í rannsókn og það er bjartsýni að einn af þeim myndi reynast til vera hagnýt hár hiti Superconductor .

Sirkon
Sætistala : 40
Táknið : Zr
Group IV B Umskipti Element

Sirkon er sterkt , endingargott málmi . Hæfni þess til að standast hátt hitastig gerir það tilvalið efni fyrir hitaþolnum efni í geimför . Þekktasta efnasamband með zirkon er málmur zircon . Það hefur verið þekkt frá fornu fari og jafnvel vísað til í Biblíunni . Finna í a breiður fjölbreytni af litum , þegar kristal er klippt og fáður það er litið sem hálf dýrmætur gimsteinn . Zircon hefur afar mikla brotstuðul . Vegna þessa, hefur litlausir kristallar þess óvenjulega birtu og eru stundum notuð sem koma í stað fyrir demöntum .

Nióbín
Sætistala : 41
Tákniõ : Nb
Hópur VB Umskipti Element

The málmur Nióbín hefur verið mikilvægt í sögu hár hiti superconductivity . Málmblendi sem samanstendur af Nióbín og German hefur getu til að standast stórum straumum heimila byggingu ofurleiðari seglum fyrir slíkum gerningum sem kjarnorku segulmagnaðir
Ómun skanni notuð í greiningu læknisfræði. Nióbín er bætt við stáli í sérstökum tilgangi . Við hátt hitastig mörkin milli lítil korn sem gera upp ryðfríu stáli veikja og tærast auðveldara en the hvíla af the stáli . The samlagning af Nióbín veg fyrir þetta verða að leyfa stál til að þola miklu hærra hitastig undir álag .

mólýbden
Sætistala : 42
Tákniõ : Mb
Hópur VI B Umskipti Element

Mólýbden er erfitt silfurgljáandi málmur . Nokkuð stór innlán molybdenite finnast í Colorado , Bandaríkjunum . Stál sem inniheldur mólýbden er vel í stakk búið til loftfara og bíll vél hlutum . Það er hægt að þola hita-og þrýstigildi breytingar stöðugt eiga sér stað í hreyfils. Af sömu ástæðu er það notað í framleiðslu á byssum og cannons . Eitt af því sem geislavirkum samsætum , mólýbdeni - 99 er notað á sjúkrahúsum til að búa til teknitin- 99 , sem er mjög gagnlegt fyrir að taka myndir af innri líffærum eftir að hafa verið tekin innra með sér.

Teknetín

Sætistala : 43

Tákniõ : Tc

Hópur VII B Umskipti Element

Teknitin var fyrsta þátturinn að vera framleitt í rannsóknarstofu frá öðru element.Logically tekur það nafn sitt af gríska teknetos þýðir tilbúinn. Sérhver samsæta er geislavirkt og decays til að mynda samsæta af mismunandi frumefni. Í dag kjarnaofnum framleiða einn af the gagnlegur samsætna úr Teknetín , teknitin-99m . Þegar það í sprautað í æð sjúklings , sem samsæta mun einbeita í ákveðnum líffærum líkamans og geislavirkni hennar mun fletta ofan ljósmynda disk í ljós hvernig þessir líffæri eru að virka .

Ruthenlum

Sætistala : 44

Táknið : Ru

Hópur VIII B Umskipti Element

Ruthenlum er sjaldgæft frumefni sem er venjulega skilst sem eftir vöru af hreinsun platínu málmgrýti . Aðallega ruthenlum er notaður sem hvati fyrir iðnaðarferlum. Það hefur verið notað sem hvati í að fá vetnisgas beint kljúfa vatn sameindir fremur en electrolysis.Rutheniumis einnig notaðar í skartgripi fyrirtæki sem harðnandi aukefni í Platinum og er oft bætt við títan til að bæta viðnám hennar tæringu . Aðrar málmblöndum Ruthenlum eru notuð í lind penni stig og sérstökum rafmagns tengiliði .

ródín

Sætistala : 45

Táknið : Rh

Hópur VIII B Umskipti Element

Ródín er sjaldgæfur , afar erfitt silfurgljáandi grár málmur . Það var uppgötvað af William Wollaston árið 1803 . Hann nefndi það eftir gríska orðinu rhodon fyrir rose því að margir þeirra salta hækkaði lit . Það er notað í hvetjandi breytir bíla . Útblástursloft eru mikil uppspretta af mengun andrúmsloftsins . Hvetjandi breytir er fyllt með litlum hvetjandi perlur innihalda platínu, palladíum og ródín sem umbreyta heitu útblástursloft sem fara í gegnum þær í skaðlaus vara .

PALLADIUM

Sætistala : 46

Táknið : Pd

Hópur VIII B Umskipti Element

Palladium er mjúkur Silfurhvítur málmur sem líkist platínu . Það er ákaflega sveigjanlegur og mjúkur .
Áhugavert notkun palladíum komið fram þegar það var serendipitously komist að því að það var vel til
meðhöndlunar á krabbameini með því að hamla frumuskiptingu og var tiltölulega laus við aukaverkanir.
Með helmingunartíma aðeins 17 daga, palladium103 samsæta getur staðið öflugt skammta af geislun að
eyðileggja krabbamein og þá hverfa eftir aðeins meira en mánuð .

SILVER

Sætistala : 47

Táknið : Ag

Hópur IB Umskipti Element (coinage Metal)

Silfur er einn af fáum málma sem finnast í frjálsu ríki í náttúrunni og tákn þess Ag kemur frá latneska
orðinu argentum sem þýðir silfur . Það hefur verið coinage málmur frá tímum Biblíunnar kannski jafnvel
fyrr . Af öllum málmum , silfur er besti leiðari hita og rafmagn . Það er venjulega ekki notuð í heima
raflögn vegna kostnað en mikið notuð við framleiðslu á hágæða rafeindabúnaði.

kadmíum

Sætistala : 48

Táknið : Cd

II B Umskipti Element

Kadmíum er til staðar í svo miklu magni af sinki málmgrýti sem það er almennt talin með því að vara af
sink hreinsun . Helsta notkun málmur er í rafhúðun á stáli til að hindra það frá tæringu . Það er notað
sjaldnar en sinki því það er minna mæli og hefur tilhneigingu til að valda heilbrigðisvanda. Geta kadmíum
að gleypa nifteindir er afar mikilvægt í hönnun kjarnorku reactor stjórna stangir. Kadmíums er einnig
notað sem rauðum og gulum litarefni í gerð málningar .

indíums

Sætistala : 49

Tákniði : Í

III A Post hliðarmálmur

Indín er sjaldgæfur bláleit hvítur málmur mjúkur nóg til að láta ummerki um sig þegar kröftuglega nuddað gegn öðrum málmum. Pure Indín hefur nokkra viðskiptabeitingu og það er aðallega notað sem er tengt frárennslisrörinu ásamt öðrum málmum . Málmblöndum indíums silfri og indíums og blý eru betri leiðarar en silfur eða leiða einn. Þau hafa einnig fundið notar í framleiðslu á transistorum og mynd frumum. Indín foils eru oft sett í kjarnakljúfum til að stjórna kjarnorku viðbrögð. Það gengi sem þessar plötur verða geislavirkt þjónar sem verðmætar mælingu úr hvörfunum sem er að eiga sér stað .

tIN

Sætistala : 50

Tákniði : Sn

Hópur IV A Post Umskipti Metal

Tin var meðal fyrstu málma sem notuð af mannfólkinu . Brons , málmblendi úr kopar og tini var notað í Egyptalandi meira en 5000 árum síðan . Í dag það er aðallega notað í málmblöndur og til að gera tini disk sem er stál sheeting hulið með þunnt lag af tini. Vegna tini ver stáli frá mat sýrum , var tini disk notað til að gera tin fyrir mat en hefur nú að mestu verið skipt út fyrir plast og ál . Það er eitt af mest sveigjanlegur málma þekkt .

antímon

Sætistala : 51

Tákniði : Sb

Hópur VA Metalloid

Antímon er hart , brothætt, kristallað , grayish , fast efni. Þó þekktur sem málmi , er það mjög léleg leiðari rafmagns . Málmgrýti sem þjónar sem aðal uppspretta er steinefni stibnite . A svartur efnasamband , var hún notuð í fornöld til að myrkva augabrúnir kvenna . Mikil notkun fyrir antímon er algengt öryggi jafningi . Hausinn á Matchstick inniheldur blöndu af antímon trisulfide og oxandi miðil eins og kalíum Chlorate . Antímon hefur nokkur önnur auglýsing uses . Eins og málmblöndu sem það getur aukið hörku af mörgum málma.

tellúr

Sætistala : 52

Tákníð : Te

VI Group A Metalloid

Tellúr er sjaldgæfur silfurhvítur metalloid . Ólíkt dæmigerður málma , er það brothætt og lélegt leiðari rafmagns . Tellúr er einn af fáum þáttum sem sameinar með gulli . Efnasamböndin það form sem heitir Gold tellurides og þeir gera upp mjög mikilvægur hluti af gulli bera málmgrýti . Tellúr er oft batna sem eftir vöru í betrumbætur á gulli og einnig kopar . Æðstu notkun tellúr er sem aukefni til slíkra málma kopar og ryðfríu stáli til að búa til ál sem er auðveldara að vél en upprunalega málmi .

joð

Sætistala : 53

Tákníð : ég

Group VHA Halógenar

Joð er fjólublá svarta fasta efnið, sem finnast í þörunga , svo með saltlausn brunna og í sjó . Þó eitur , einn af algengustu notar þess er eins sótthreinsandi lausn veig af joði . Joð sölt er bætt við matarsalt og fóður . Þetta er gert sem joð er mikilvægt deildir af hormóninu þýroxínvaki seytt af skjaldkirtill kirtill og tryggir að kirtill virka almennilega . Silfur joöíði hefur getu til að mynda gífurlegur fjöldi kristalla - eins og margir eins ein milljón króna frá einum gram sem starfa sem kjarna fyrir regndropi myndun .

XENON

Sætistala ; 54

Tákniõ : Xe

Hópur VIII A eõallofttegundar

Xenon er í andrúmslofti í aõeins snefilmagni . Eins og önnur eõallofttegundar þaõ til sem monoatomic sameind sem hefur engin litur lykt eõa bragõ . Áriõ 1962 , Neil Bartlett enska efnafræõingur gerõi fyrsta Eõalgas efnasamband . Hann ásamt Xenon og platínu hexaflúoriõi og mikiõ aõ undrun hans fengiõ traustan, gult - appelsínugult efnasamband sem samanstóõ af sameindum xenon, platinim og flúor. Hingaõ til xenón og kxypton eru einu eõallofttegundir sem vitaõ er til aõ mynda efnasambönd . Eins og önnur eõallofttegundar , Xenon er notaõ í rafmagns rör útskrift til aõ framleiõa ljós .

Sesíummengun

Sætistala : 55

Tákniõ : Cs

Group IA alkalímálmar

Pure cesium er softest málmur þekktur . Extreme hvarfgirni þess hefur gert þaõ gagnlegt í aõ fjarlægja óæskileg lofttegundir frá tómarúm kerfi til dæmis inni í sjónvarp túpu . Samsætan cesium - 133 þjónar sem opinbert mál heimsins tíma. Annaõ er mælt í skilmálar af geislun stafar af cesium 133 atómi þegar þaõ er spennt eftir ytri orkugjafa fremur en í skilmálum snúningi jarõar um sólina eins og hún notuõ til aõ vera . Annaõ er lýst sem liõinn tíma nákvæmlega 9192531770 titring af geislun stafar af caesuim -133 atóm.

baríum

Sætistala : 56

Tákni∂ : Ba

Group IIA The jar∂alkalímálmum

Í formi leysanlegt salt , baríum er talsvert eitra∂. Á hinn bóginn í óleysanleg mynd er þa∂ ska∂laus mannslíkamann. Geislagreiningu nota bariumsúlfad a∂ kanna meltingarvegi sjúklings me∂ Xrays.Barium súlfat hefur einnig fjölda annarra nota mi∂a∂ vi∂ litla leysni í vatni og hvítum lit . Þa∂ er nota∂ sem whitener á Ljósnæmar plötur og sem filler í skrifa pappír , plast og gervitrefjum . Baríum málmur hefur nokkur auglýsing umsókn vegna rei∂ubúin til þess a∂ breg∂ast vi∂ súrefni og raka .

lanthanum

Sætistala : 57

Tákni∂ : La

III B Sjaldgæf Earth Element (Lanþaní∂)

Lanthanum er the fyrstur af the sjaldgæfur jör∂ frumefni rö∂ . Þa∂ er algengt a∂ finna margar sjaldgæfar atri∂i blanda∂ saman í einn steinefni . Sennilega mikilvægasti notkun lanthanide efnasamböndum er í framlei∂slu á rafskaut fyrir High Intensity kolefni hring lampar notu∂ í leitarljós , stúdíó lýsingu og hreyfing mynd sýningarvél . Lanthanum og samsætur þess er a∂ finna í þessum brotum sem eru framleidd þegar úran fissions . Þa∂ var uppgötvun á lanthanum samsætna sem og þessir af baríum af þýska efnafræ∂ingur Otto Hahn , sem á endanum lei∂a til the hugmynd af kjarnasamruna .

seríum

Sætistala : 58

Tákni∂ : Ce

III B Sjaldgæf Earth Elements (Lanþaní∂)

Seríum var nefnt eftir smástirni Ceres sem uppgötvun í 1801 olli mikilli eftirvæntingu í vísinda heiminum . Hreint málmi formi seríum var ekki tilbúinn fyrr en 1875 . Það er járn grár málmur sem er alveg sveigjanlegur og mjúkur . Cerium efnasamböndum eins og þær sem lanthanum eru notuð í atvinnuskyni til þess að mynda rafskaut af the hár styrkleiki kolefni hring lampar. Sem oxíð cerium er notað til að blanda við veggi sjálfhreinsandi ofna þar sem það virðist að koma í veg fyrir að byggja á að elda leifar.

PRASEODYMIUM

Sætistala : 59

Táknið : Pr

III B Sjaldgæf Earth Elements (Lanþaníð)

Það var uppgötvað af Carl Auer von Welsbach , austurrísk Baron sem hafði áhuga á steindafræði . Hreina málmur er einangrað frá málmgrýti sínum með því að ion-exchange tækni. Skiptinemi aðferð er notuð til að einangra eina tegund af jón með því að skipta um það með öðrum . F einni slíkri aðferð sem virka innihaldsefnið er resin samanstendur af stórum sameindir sem hafa netlike byggingu. Kvoðan inniheldur farsíma jónir lauslega tengdur við netið . Þegar lausnin sem inniheldur öðrum jónum er hleypt í gegnum plastefni, skipta þeir hreyfanlegur jónir sem þá dreifst út af the net.

Neodymium

Sætistala : 60

Táknið : Nd

III A Sjaldgæf Earth Elements (Lanþaníð)

Það er segulmagnaðir efni notað til að búa til sumir af the öflugur segull í heiminum . The supermagnets eru þekkt sem NIB seglum sem þeir innihalda járn og bór sem well.They eru svo sterk að tvö lítil seglum með stutt báðum megin við hönd manns án þess að falla . A Nd segull með aðeins hálfa tommu þvermál er nógu sterkt til að bregðast við segulmagnaðir efni í prentun blek er notað í pappír peninga og hægt er að nota til að greina fölsun . Það er einnig notað í Rose litað gleraugu !

PROMETHIUM

Sætistala : 61

Táknið : Pm

III B Sjaldgæf Earth Elements (Lanþaníð)

Ekki snefill af promethium hefur fundist á jarðskorpunni en það hefur verið bent í litróf nokkurra stjörnur í Andromeda Galaxy . Það er samtengt sjaldgæft frumefni gerðar á kjarnorku Eldsneytisgjöf og kjarnakljúfum . Þegar neodymium er tekið til mikillar nifteind geislun til staðar í geyminn, er það breytt í promethium . 28 samsætur frumefnis hafa hingað til verið smíðuð öll tilvera geislavirk. Mjög lítið er vitað um efna-og eðliseiginleikum hreinu promethium .

Samarium

Sætistala : 62

Táknið ; Sm

III B Sjaldgæf Earth Element (Lanþaníð)

Helstu málmgrýti Samarium eru bastnasite og monazite . Monazite málmgrýti oft inniheldur eins mikið og 50 % af þyngd þeirra í mjög sjaldgæfum earths finnast í ánni sandinum á Indlandi og Brasilíu og í Florida Beach sand.In hreinu formi Samarium hennar hefur silfurhvítur ljóma og er nokkuð ónæmur fyrir oxun . The málmur verður þó kveikja sjálfkrafa við lágt hitastig . Sum efnasambönd umræddrar frumefni eru notuð til að búa til varanleg seglum . Samarium oxíð er frábært absorber af innrauðum geislum og er bætt í þessum tilgangi til ýmsar gerðir af gleri og innrautt viðkvæmum fosfór .

EUROPIUM

Sætistala : 63

Táknið ; Eu

III B Sjaldgæf Earth Element (Lanþaníð)

Europium er einn af finnast hvergi nema af örfáum jarðmálma . Árið 1901 Franska efnafræðingur Eugene - Anatole Demarcay einangrað loksins óhreinindi í Samarium - gadólín sýni hann var við nám og bent á óhreinindin sem nýtt frumefni. Pure europium er nokkuð mjúk og silfurgljáandi hvítt . Það er alveg sveigjanlegt og einn af mest viðbrögð af the sjaldgæfur jarðmálma . Europium oxíð er nokkuð mikið notað sem aukefni til að bæta skilvirkni rauðum fosfór í sjónvarpi og tölva fylgist með . Það er einnig notað til að auka orkunýtni flúrpera .

gadólíÐíum

Sætistala : 64

Táknið : Gd

Hópur IHA Sjaldgæf Earth Element (Lanþaníð)

Tvær samsætur gadólín eru meðal mest öflugir absorbers nifteinda . Þó skorturinn takmörk sín nota , þau eru notuð í að gera stjórna stöfunum fyrir kjarnakljúfum . Það er ferromagnetic þýðir að það er mjög dregið af seglum . Hins vegar Curie point , hitastig á milli segulsviða efni missir segulsvið hennar er um það bil stofuhita. Það hefur verið sannað af value í tækni leit innaní málma sem kallast nifteind myndgreiningu . Það er notað í flug-og skipasmíði atvinnugreinum til að leita fyrir falinn galla og uppbyggingu veikleika í hýði og fuselages .

TERBIUM

Sætistala : 65

Táknið : tb

III B Sjaldgæf Earth Element (Lanþaníð)

Í hreinu málmi formi , terbium er silfurhvítur , sveigjanlegur , sveigjanlegt og mjúkur nóg til að skera með hníf . Það ber líkindi til að leiða en það er miklu þyngri. Eins og blý það er nokkuð ónæmur fyrir tæringu .

Efnasambönd terbium hafa stofnaði notar í sérstökum leysir og eins phosphors sem framleiða græna lit í sjónvarpi slöngur og tölva fylgist með . Önnur forrit eru framleiðslu á málmblöndur með sérstökum segulmagnaðir eignir til notkunar í geisladiskum og í tilbúningur hár skýring X - ray skjár .

Dysprósín

Sætistala : 66

Táknið : Dy

III B Sjaldgæf Earth Element (Lanþaníð)

Dysprósín röðum níunda í gnægð meðal sjaldgæfum jarðar frumefni í jarðskorpunni . Það var uppgötvað árið 1886 af franska efnafræðingur Paul- Emile Lecoq de Boisbaudran í sýni af erbium oxíð . Hann byggir nafn sitt á gríska orðinu dysprositos sem þýðir erfitt að fá á. Pure dysprosium var ekki í boði fyrr en 1950 þegar nútíma tækni efna svo sem jón - gengi aðskilnað voru þróaðar . Dysprósín líkist flestum öðrum sjaldgæfum jarðmálma . Það er mjúkur nóg til að skera með hníf , hefur skínandi silfurgljáandi lit og er tiltölulega stöðug í loftinu .

Holmium

Sætistala : 67

Táknið : Ho

III B Sjaldgæf Earth Element (Lanþaníð)

Árið 1878 , tveimur svissneskum vísindamenn tekið einkennandi litrófslínur Holmium , en gat ekki fundið þeim . Þeir kallast óþekktur uppspretta af the litrófslínur þátturinn X. Skömmu síðar árið 1879 Sænska efnafræðingur Per Teodor Cleve einangruð og greind frumefnið á meðan að vinna með steinefni sem kallast erbia . Pure málmi Holmium sem var ekki í boði fyrr en alveg nýlega hefur bjarta silfurgljáandi lit . Það er nokkuð tæringarþolnir í þurru lofti en tarnishes fljótt í röku lofti mynda gulleit oxíð . Annað en notkun þess sem lit gler, það hefur nokkrum auglýsing umsókn.

ERBIUM

Sætistala : 68

Táknið : Ger

III B Sjaldgæf Earth Element

Erbium var uppgötvað af Carl Gustaf Mosander í gulum oxíð sem hann einangraður frá steinefni yttria . Mosander nefndi þáttur í sænska þorpinu Ytterby síðunnar stórra styrk yttria og erbium . Helstu uppsprettur erbium eru steinefnin xenotime og euxerite . Erbium auk annarra sjaldgæf jarðar frumefni er í raun óhreinindi í þessum málmgrýti . The auglýsing umsókn af erbium eru frekar takmörkuð . Oxíð þess eru oft bætt við gler og enamel glerung að lita þá bleikur . Glerið er oft notuð fyrir sólglerauga og ódýr skartgripi .

túlín

Sætistala : 69

Táknið : Tm

Group IIIB Sjaldgæf Earth Element (Lanþaníð)

Túlín er sjaldgæfur jörð þáttur sem er ákaflega skornum skammti . Það kemur í mjög litlu magni í félaginu öðrum sjaldgæfum earths . Sænski efnafræðingurinn Per Teodor Cleve uppgötvaði frumefnið árið 1879 og nefndi það fyrir Thule , forn nafn fyrir Skandinavíu . Skólastjóri uppspretta túlín er steinefni monazite sem samanstendur af um það bil 7/1000 um 1 % túlín . Það hefur nokkrum auglýsing forrit sundur frá því að vera notuð í leysir. Það er dýrt en mjög lítið af málmi er í boði fyrir tilraunir.

ytterblum

Sætistala : 70

Táknið : Yb

III B Sjaldgæf Earth Element (Lanþaníð)

Ytterblum , fyrsta sjaldgæft frumefni til að uppgötva er að finna í hóflega gnægð í jarðskorpunni og alltaf í fyrirtæki sjaldgæfra earths . Það var uppgötvað eftir franska efnafræðingnum Jean de Marignac árið 1878 sem hluti af steinefni sem kallast erbia og hét fyrir sænsku þorpinu Ytterby á grundvelli hár styrkur þess af erbium . Pure ytterblum málmur var ekki í boði fyrir nám til 1953 . Auglýsing umsókn hennar eru í málmblöndur með ryðfríu stáli . Ákveðnar málmblöndur hafa einnig verið notaðar við tannlækningar .

Lutetium

Sætistala : 71

Tákníð : Lu

III B Sjaldgæf Earth Element (Lanþaníð)

Þótt hann aldrei formlega birt niðurstöður hans , US efnafræðingur Charles James er nú talinn hafa uppgötvað Lutetium árið 1907 . Vinna á fyrstu 1900 við háskólann í New Hampshire , James varð meiriháttar afl í framleiðslu á sjaldgæfum jarðar frumefni . Hann og nemendur hans myndi vinna tonn af málmgrýti og vinnu í gegnum crystallizations að framleiða eitt sýnishorn . Pure Lutetium málmur er erfitt og dýrt að undirbúa . Það er erfiðasta og þyngsta sjaldgæfur jörð þáttur . Engin auglýsing umsókn hefur verið þróað .

hafníni

Sætistala : 72

Tákníð : Hf

Group IV B Umskipti Element

Eiginleikar hafníni sem og saga hennar eru nátengt zirkon . Margir höfðu spáð tilvist frumefni 72 en omnipresence af tveggja þess efna interfered með auðkenni þess . Helsta notkun hafnín er byggt á einn af nokkrum mismunandi sinna frá sirkon . Hæfni sína til að taka varma nifteindir gerir það gagnlegt efni fyrir reactor stjórna stangir. Helstu kostir hafníni miðað við aðrar stangir efni er styrkur þess og andstöðu við tæringu . Því miður í nokkuð stórum reactor kostnaður við hafníni stöfunum geta vera $ 1 milljón eða meira .

tantal

Sætistala : 73

Táknið : Ta

Hópur VB Umskipti Element

Tantal er afar erfitt og mjög þungur málmur . Efna inertness hennar gerir tantal mjög ónæmur fyrir árás efna í mannslíkamanum . Þetta hefur leitt til a gestgjafi af forritum í tannlæknaþjónustu og læknisfræði skurðaðgerð . Tantal í málmblöndur stuðlar tæringu viðnám, álagsins , hörku og hátt bræðslumark að ýmsum öðrum málmum. Enn annar stór notkun Tantal er í byggingu lítil en öflug Rafgreiningin þetta. Þessar þetta eru sérstaklega gagnleg í miniaturized rafrásatækni sem liggur á hjarta slíkra tækja sem farsíma og tölvur .

TUNGSTEN

Sætistala : 74

Táknið : W

Hópur VÍB Umskipti Element

Eitt af mikilvægustu notar wolfram er í framleiðslu á þráðlum fyrir Common ljósapera. Wolfram hefur hæsta bræðslumark -3410 gráður C og hæst suðumark 5900 gráður C - af hvaða málmi. The hár forrit Hitastig Volfram bilinu hitunareiningum í rafmagns hitari á Nozzles á eldflaugar Hreyflar geimfarartækjunum . Rafmagn flæðir í gegnum vefja vír Volfram framleiðir nóg hita til gera the vír hvítt heitt. Til að koma í veg fyrir að málmurinn frá þenslu óvirkar lofttegundir eins og köfnunarefni og argon eru sett inn í perunni sem inniheldur Volfram filament .

reníum

Sætistala : 75

Táknið : Re

 Group VIIB Umskipti Element

Reníum einn af finnast hvergi nema á þætti fannst í platínu málmgrýti með þýskum efnafræðingar Ida Tacke , Walter Nodack og Otto Carl Berg árið 1925 . Það er afar þétt málm með silfurgljáandi grár ljóma og bræðslumarkið var umfram aðeins með því að wolfram og kolefni. Þetta er grunnur til notkunar reníum í samsetningu með wolfram til að gera thermocouples til að mæla hitastig eins hátt og 2000 ° C. reníum er aðallega notað í málmblöndur til framleiðslu málma sem þola að vera eins og þær sem krafist er fyrir rafmagn skipta tengiliði og rafskautum .

osmín

Sætistala : 76

Táknið : Os

Group VHIb Umskipti Element

Vegna þess að hrein málmur er erfitt að gera , osmlum er oft búa sem duft sem síðan er formuð í massann á föstu formi með því að hita . Duftið oxidizes í lofti og er hægt ljóss sem sterk lykta eitrað gas sem getur valdið lungnaskaða og húð skaði . Losun eitraður oxíð þess gas gerir notkun osmin málmi óhagkvæm . Í málmblöndur aukefni hins vegar er það alveg öruggt og er aðallega notað til að gera harða málmblöndur með slíkum málma sem platínu og iridín . Þessar málmblöndur eru notaðar til rafmagns rofatengi grammófóninn nálar og lind penni ábendingar .

Iridium

Sætistala : 77

Tákníð : Ir

Hópur VIII B Umskipti Element

Iridium er brothætt gulleit hvítt góðmálmi . Það er almennt finnast í málmgrýti sem innihalda platínu eða nikkel. Aðgreina það frá þessum málmgrýti er laborious og dýrt verkefni sem er réttlætanlegt eingöngu af samtímis endurheimt platínu og nikkel . Æðstu beitingu iridín er sem aukefni í Platinum búa málmblöndur sem auka hörku seinni málmi . Viðnám iridín er að tæringu gerir það einnig gagnleg við að tilbúningur atriði sem krefjast algera hreinleika svo sem eins og hypodermic nálar og eldflaug vél.

PLATINUM

Sætistala : 78

Tákníð : Pt

Hópur VIII B Umskipti Element (Precious Metal)

Margir nota platínu nýta efnafræðilegan stöðugleika þess og inertness . Það er notað í jarðolíu hreinsun, tannlækningum, keramik iðnaður , rafmagns-og rafræn atvinnugreinum , og er mjög verðlaun í gerð skartgripi . Platinum er einnig gagnlegt að bifreið iðnaður . Það hjálpar efnahvarfa sem þrífa upp útblástur kemur frá hreyflum bíla , breyta kolmónoxíð og óbrunnu eldsneyti inn vatn og koltvísýringur . Að auki þjónar bar af iridín -platínum málmblöndu sem í heiminum staðall fyrir hvert kílógramm, grunneining fyrir massa í metrakerfinu .

GOLD

Sætistala : 79

Tákníð : Au

Hópur IB Umskipti Element (Precious Metal)

Gull er verslað í hrávöru ungmennaskipti og sveiflna í verð hennar eru talin vísitölu heilsu hagkerfisins . Það er mest Mjúkt og sveigjanlegt allra málma. Því það er einnig einn af the óhvarfgjarnar , það geta halda uppi ljómandi ljóma sinn . Í natturunni gull er venjulega sem hreinu málm , oft og Nuggets eða flögur . Hreinleiki hennar er mæld sem carats . Hreint gull er sagður vera 24 karat gull . Því það er mjög mjúkt , þó mest gull skart er úr 18 karata gulli .

MERCURY

Sætistala : 80

Táknið : Hg

II B Umskipti Element

Mercury er eina málmum sem er fljótandi við stofuhita og er enn á vökvaformi á mjög breiðu og þægilegan bil hitastigs. Nokkrar algengar vörur til heimilisnota sem innihalda kvikasilfur eru hitamælar , loftvogir , Hitastillar , Silent vegg rofar og blómstrandi ljósaperur . Iðnaði kvikasilfurs eru Flæði dælur og kvikasilfur gufu lampar sem skila bláleit hvít ljós frá götulýsingar . Annar gagnlegur eiginleiki kvikasilfurs er geta hennar til að leysa upp aðra málma til að mynda málmblöndur þekktur sem AMALGA . Tannlæknar nota oft silfur - kvikasilfur ógrynni að fylla tennur.

þallíum

Sætistala : 81

Táknið : Tl

III A Post - Umskipti Metal

A algeng uppspretta þallíum er sink og blý hreinsun . Þetta sveigjanlegur og þungur málmur er alveg virk og hægt corrodes í lofti . Þallíum og efnasambönd þess eru mjög eitruð og það er sönnun þess að það getur valdið krabbameini . Jafnvel samband við húð getur verið hættuleg þrátt fyrir að í afar lágum styrk þallíums hefur verið notað við meðhöndlun á hringorma . Þallíum súlfat er lyktarlaust og bragðlaust eitur sem var áður notuð til að drepa rottur og skordýr en það hefur nú verið bannað í nokkrum löndum .

LEAD

Sætistala : 82

Tákníð : Pb

Hópur IV A

Leiða er mjög sveigjanlegur málmur sem getur hæglega unnið til að gera áhöld af öllum gerðum . Leiða mynt og skúlptúr hafa fundist í egypskum grafhýsum sem nær aftur til 5000 BC . Það er aðallega notað til að gera rafskaut af blýi geymslu rafhlöður . Leiða er einnig mikilvægur hluti af lóðmálmur notaður til að raftengingum á hringrás leiksvið í tölvum og sjónvarpstæki. Gler skjár sjónvarpstæki innihalda blý til að verja notandann af geislun . Í raun í hvert sjónvarpið inniheldur næstum hálfa pund af blýi .

Bismút

Sætistala : 83

Tákníð : Bi

Hópur VA Post hliðarmálmur

Bismút er hvítt brothætt málmur sem er lítilsháttar gulleit blæ . Efnasambandið bismútsúbnítrat hefur verið notað sem sýrubindandi lyfja í meðhöndlun á magasári . Bismút oxíð er vinsæll gult litarefni sem notuð eru í snyrtivörum . Eins og vatn bismút er eitt af fáum efnum sem stækkar þegar það breytist úr vökvi solid . Þessi eign er notuð til að gera málmblöndur , sem hafa magn er stöðug þegar þeir storkna. Metals blandað saman við bismút er hægt að nota til að rangir og mót sem halda nákvæmlega mál þeirra jafnvel þegar fyllt með bræddum málmum.

Pólon

Sætistala : 84

Táknið : Po

VI Group A Metalloid

Uppgötvun Pólon af Marie og Pierre Curie árið 1898 skilgreinir einn af the mikill augnablik í sögu vísinda leiðir til nútíma hugmyndinni um lotukerfinu kjarna og skilning á uppbyggingu hans . Pólon hefur 27 þekkt samsætur og allar þeirra eru geislavirk. Eitt mest staðar er Pólon 210 , silfurgljáandi metalloid sem er töluvert sveiflukennt og 100.000 sinnum meira eitrað en blásýru . Geislagreiningu rannsóknarstofum sem samsæta blandað duftformi beryllín er oft notuð til að framleiða mikið magn af nifteindum án þess að nota kjarnorku reactor .

astatín

Sætistala : 85

Táknið : Á

Hópur VII A Halógenar

Lítið magn af astatín eru náttúrulega eins rotnun vörur í úrani og þóríum . Astatín var fyrst framleidd árið 1940 af hópi radiochemists með varpa sprengjum bismút með alfa agnir. Aðeins um 1 milljónustu gramm af astatín hefur í raun verið framleitt tilbúnar og það er því ekki á óvart að lítið er vitað um eiginleika þess . Efnafræði hennar ætti að vera nokkuð svipað og joð þótt það sé einhver sönnun þess að það getur verið örlítið meiri málmi .

Radon

Sætistala : 86

Táknið : Rn

Hópur VIII A eðallofttegundar

Radon er framleitt sem einn af af efnum sem geislavirkum rotnun á úran og þóríum . Radon - 222 , lengsta líftíma samsæta þess er að finna í verulegum styrk sem SA -gasi í jarðvegi vegna þess að örlítið af úran eru til staðar í jarðskorpunni . Á meðan það er að vaxa , tóbak er háð áhrifum af Radon úr jarðvegi og úran ríkur áburði fosfats í notuð af planters . Þegar tóbakið í sígarettu er brennt þá Reykurinn einstaklingum reykir að stigum geislun 1.000 sinnum hærri en þau sem upp koma með starfsmann í kjarnorkuver .

FRANCIUM

Sætistala : 87

Táknið : Fr

Hópur I A alkalímálmar

Francium er þyngstu alkalímálma og einn af the óstöðug þekkt. Allar samsætur þess eru geislavirk enn jafnvel sitt lengsta líftíma samsæta francium - 223 hefur helmingunartíma aðeins 21 mínútur . 30 Þess þekktur samsætna , aðeins francium 223 er til í náttúrunni . Allar aðrar samsætur francium eru framleidd tilbúnar í eldsneytisgjöf og kjarnaofnum og eru of óstöðug til að vera rannsakað í hvaða dýpi . The þáttur var uppgötvað árið 1939 af Marguerite Perey vinna á Curie Institute í París . Það er nefnt í því landi sem það var uppgötvað .

RADIUM

Sætistala : 88

Táknið : Ra

Group A -The jarðalkalímálmum

Radium var uppgötvað af Marie og Pierre Curie árið 1898 . Fyrir uppgötvun Radium og Pólon var Marie Curie hlaut Nóbelsverðlaun í efnafræði . Það var hennar annað , hún hafði deilt fyrst með eiginmanni sínum og Henri Becquerel 1903 fyrir uppgötvun geislavirkni .

Pure radíum málmur hefur ljómandi hvíta lit og er svo ljómi að það glóa í myrkri giving burt dauft bláum lit . Radium er notað í mörgum læknisfræðilegum aðstöðu til að búa til geislavirka gas radon sem er notað til meðferðar á krabbameini .

ACTINIUM

Sætistala : 89

Tákníð : Ac

III B Umskipti Element (The Aktiníð)

Actinium er geislavirkt frumefni framleitt náttúrulega með geislavirkum rotnun af the langur bjó þætti Radium og þóríum . Mjög lítið magn af þeim hafa verið framleidd tilbúnar og það hefur mjög takmarkað auglýsing umsókn . Efnafræðilega eiginleika þess svipuð þeim lanthanum . Einnig eins lanthanum , það er fyrsta í röð af þáttum kallað aktiníð sem eru hliðstætt Lanþaníð . Eins sjaldgæft earths , þessir þættir bæta rafeindir til innri svigrúm skel og þar af leiðandi hafa svipaðar Eðlis-og efnaeiginleikar .

þórín

Sætistala : 90

Tákníð : Þ

Group IIIB Umskipti Element (The Aktiníð)

Þórín er geislavirkt Silfurhvítur málmur sem tarnishes mjög hægt þegar kemst í snertingu við loft . Monazite sandur sem sum hver er að finna í Flórída ströndum geta innihaldið allt að 10 % þóríum . Þrátt geislavirkni hennar , þórín og sambönd þess hafa nokkur auglýsing umsókn . Það þjónar sem skilvirk emitter rafeinda um raftæki . The ljómandi ljós sem oxíð þess gefur frá sér á meðan brennandi gerir það einnig gagnlegt í framleiðslu ákveðnar flytjanlegur lampar gas . Þórín 232 , sem er samsæta með helmingunartíma 14 milljarða ára sýnir mikla loforð um að verða uppspretta kjarnorku í framtíðinni .

PROTACTINIUM

Sætistala : 91

Táknið : Pa

III B Umskipti Element (The Aktiníð)

Það er eitt af scarcest og dýr af öllum fyrir í náttúrunni núverandi þætti. Aðeins nokkur hundruð grömm eru í boði fyrir rannsókn . Þetta meager upphæð var mestu framleitt í Englandi 30 árum síðan þar sem það var einangrað úr 60 tonn af málmgrýti á kostnað hálfa milljón dollara . Ekki mikið er vitað um eðlis- og efnafræðilega eiginleika þess . Það er silfur hvítur málmur með bjarta ljóma sem það missir mjög hægt í lofti með oxun. Það er einnig þekkt að vera mjög eitrað.

URANIUM

Sætistala : 92

Táknið : U

III B Umskipti Element (The Aktiníð)

Úran er síðasta og þyngst af náttúrunni þætti . Uppgötvað árið 1841 , var það fyrsta geislavirk frumefni til að vera skilgreind. Seint 1930 í gegnum tilraunir með úran Þýska vísindamenn Lise Meitner og Otto Hahn fram ferli sem var síðar viðurkennt að kjarnorku fission . Geta nifteinda út á fission á úran kjarna til sín kljúfa önnur úran kjarna var fljótt nýtt af vísindamönnum að búa til sjálfbæran keðjuverkun. Þegar stjórnað , þessi viðbrögð framleiðir orku við fá úr kjarnakljúfum . Þegar Stjórnlaus það getur búið í lotukerfinu sprengingu .

NEPTUNIUM

Sætistala : 93

Táknið : Np

III B Umskipti Element (The Aktiníð)

Neptunium var fyrsta tilbúnar framleitt transuranium þáttur . Vinna á hringhraðalshreyfing við University of California, Berkeley árið 1940 , US eðlisfræðingar Edwin McMillan og Philip Abelson framleitt neptunium með varpa sprengjum úran með nifteindum . Það er nú vitað að rekja magn af neptunium d í raun fyrir hendi í náttúrunni sem afleiðing af aðgerðum nifteinda í úran frumefni . Nú 18 samsætur neptunium hafa verið framleidd þeim öllum radioactive.The mikilvægasta og fyrstur til að vera framleidd var neptunium 237 með helmingunartíma 2,1 milljónir ára .

plutonium

Sætistala : 94

Táknið : Pu

III B Umskipti Element (The Aktiníð)

Plutonium hefur 15 þekkt samsætur öllum þeim geislavirk. Plúton 239 er mikilvægur vegna þess að það fissions fúslega þegar sprengjuárás með hitauppstreymi nifteindir . Eins úran 235 , kjarna af atómum þess skipt í tvo millistig stór kjarna (sem kallast fission bútum) gefa út mikið magn af orku og framleiða fleiri nifteindir til að viðhalda keðjuverkun . Blandað með duftformi beryllín , er það áhrifaík uppspretta af nifteindum fyrir vísindastörf . Plutonium má vera í miklu magni í kjarnakljúfum . Gnægð hennar hefur gert það númer eitt val fyrir kjarnavopn .

AMERICIUM

Sætistala : 95

Táknið : Am

III B Umskipti Element (The Aktiníð)

Það var uppgötvað árið 1944 af hópi efnafræðinga undir forystu Glenn Seaborg.His lið framleitt americium - 241 , einn af 14 þekktum samsætna sem allir eru geislavirk. Americium 241 er gert í miklu magni í kjarnakljúfum . Mikillar gamma geislum sem það gefur frá sér gerir það mjög gagnlegt eins og a flytjanlegur uppspretta röntgengeisla . Það er einnig notað í reykskynjara .

Kúrín

Sætistala : 96

Tákníð : Cm

III B Umskipti Element (The Aktiníð)

Kúrín er Silfurhvítur málmur sem er mjög hvarfgjörn . Fyrsta af 14 sinni þekkt samsætur til að uppgötva var curium 242 . Kúrín 242 og curium 244 hafa verið notuð sem orkugjafa á afskekktum svæðum. The geislun Þessar samsætur gefa frá sér er hægt að breyta í hita og síðan inn í raforku með því að thermoelectric tæki. Þó að það hefur tiltölulega stuttan helmingunartíma , styrk notar Kúrín 242 er áhrifamikill þ.e. um 2-3 vött í grammi . Þessi samningur einingar eru gagnlegar fyrir gangráð, fjarlægur siglinga buoys og rúm verkefni .

BERKELIUM

Sætistala ; 97

Tákníð : Bk

III B Umskipti Element (The Aktiníð)

Það var uppgötvað í UC Berkeley árið 1949 af hópi sem samanstendur af George Seaborg , Stanley Thompson og Albert Ghiorso og var nefnt eftir bænum . Þeir tilbúið hana með hringhraðalshreyfing að bombard sýnishorn af americium 241 með alfa agnir . Using berkelium 249 , það var hægt í 1962 til að framleiða 3000000000 um gramm af berkelium klóríð . Engar viðskipta eða vísinda umsóknir hafa enn verið þróað .

CALIFORNIUM

Sætistala ; 98

Tákníð : Cf

III B Umskipti Element (The Aktiníð)

Það var uppgötvað af hópi efnafræðinga nota hringhraðalshreyfing að bombard Kúrín 242 með alfa agnir. Samsætan californium 252 hét fyrir Kaliforníu losar sjálfkrafa nifteindir . Nifteind heimildir eru stundum erfitt að komast yfir. Annaðhvort kjarnakljúfur er krafist eða sumir mjög geislavirkt emitter af alfa agnir eins og plútoni þarf að blanda með beryllín duft. The uppgötvun af afar flytjanlegur nifteind uppspretta bendir margir mögulegur umsóknir um californium 252.It geta hæglega tekið inn í reitina fyrir greiningu á olíu bera lag af jörð eða til námuvinnslu á gulli og silfri .

EINSTEINIUM

Sætistala : 99

Táknið : Es

III B Umskipti Element (The Aktiníð)

Albert Ghiorso og hans vinnufélaga uppgötvaði þennan þátt árið 1952 en að rannsaka rusl af vetni sprengju sprengingu í Pacific.16 samsætur eru þekkt , mest stöðugt Being einsteinium 254 með helmingunartíma 252 daga. Flest þessara samsætna hafa verið framleidd í High Flux samsæta Reactor í Oak Ridge National Laboratory í Tennessee með því irradiating plútónium 239 með mikilli geislar nifteinda .

FERMIUM

Sætistala : 100

Táknið : Fm

III B Umskipti Element (The Aktiníð)

Eins einsteinium var Fermium greind árið 1952 af Ghiorso og vinnufélaga í rusl af vetni sprengju sprengingu í Kyrrahafi. Samsætur fermium nefnd eftir Enrico Fermi eru venjulega myndaðir með subjecting þætti svo sem úran og plúton ákafa nifteind bombardment . Í nifteind ríkur umhverfi , sem er þáttur eins og úran getur gangast í röð nifteind handtaka oft hrífandi eins og margir eins 16-17 nifteindir til að mynda þungu transuranium þætti .

MENDELEVIUM

Sætistala : 101

Táknið : Md

III B Umskipti Element (The Aktiníð)

Níundi gervi transuranium þáttur nefndi Dmitri Mendeleyev var uppgötvað árið 1955 af hópi vísindamanna undir Albert Ghiorso . Áframhaldandi leit sína fyrir sífellt þyngri frumefni liðið notuðu hringhraðalshreyfing í Berkeley að bombard einsteinium 253 með alfa agnir (Helium kjarna) og að lokum búa mendelevium 256 . Litlu magni gert auðkenni þess mjög erfitt . Það er oft sagt að þessi þáttur var nýmyndað á eina frumeind í einu. Aðeins örlítið af mendelevium samsætur hafa verið gerðar og lítið er vitað um efnafræði þeirra.

NOBELIUM

Sætistala : 102

Táknið : Nei

III B Umskipti Element (The Aktiníð)

Í að búa nobelium 254 , Ghiorso og samstarfsmenn hans sprengjuárás sýnishorn af Kúrín 246 með kolefni 12 jónir nota Heavy Ion Línuleg Eldsneytisgjöf . 11 samsætur hafa hingað til verið smiðuð og allir eru geislavirk. Nobelium 259 er lengsta bjó með helmingunartíma 57 mínútur . Nefndi Alfred Nobel, það hefur verið framleitt í magni nógu stór til að leyfa rannsókn á efna-og eðliseiginleikum hennar .

LAWRENCIUM

Sætistala : 103

Táknið : Lr

III B (The Aktiníð)

Áframhaldandi ótrúlega band þeirra á uppgötvunum, The Berkeley vísindamenn smíðað og einangrað lawrencium árið 1961 með því að varpa sprengjum A mixture of 3 samsætum af californium með bór 10 og bór 11 jónum með því að nota Heavy Ion Línuleg hvata. Miða vó aðeins nokkur milljónustu úr grammi enn liðið náði að framleiða lawrencium 258 með helmingunartíma 4 sekúndur . Það var nefnt til heiðurs Ernest O.Lawrence , uppfinningamaður af the hringhraðalshreyfing .

Rutherfordín

Sætistala : 104

Táknið : Rf

Hópur IV B A Transactinide

Saga um samkeppni krafna rugla um nafngiftir frumefni 104. . Lið frá Berkeley sem og hópur frá Rússlandi krafa kredit fyrir frumefni 104. . The American krafa sigur . Það er nefnt eftir New Zealander Ernest Rutherford !

DUBNIUM

Sætistala : 105

Táknið : Db

Hópur VB A Transactinide .

Umdeildu kröfur uppgötvun hafa herjað þáttur 105 . 1970 Ghiorso og hans lið í Berkeley sprengjuárás californium 249 með miklum köfnunarefni 15 jónum og sannreynt þáttur sem þeir nefnd eftir Otto Hahn

og fengið áritun frá American Chemical Society . Þó í 1997 IUPAC ákvað ekki að breyta nafni til Dubnium .
Efnafræðilegir og eðlisfræðilegir eiginleikar þess eru óþekkt .

SEABORGIUM

Sætistala : 106

Táknið : Sg

Hópur VI B A Transactinide

Eins og í hinum tveimur umdeildu þætti , skal krafa um uppgötvun frumefnis 106 ásamt réttinum til að
nefna það var háð af deilunni . Árið 1974 , rússneskur lið lýst því yfir að þeir hefðu framleitt unnilhexium .
Vegna tilraunir tókst ekki að staðfesta niðurstöðu þeirra, krafa þeirra var í vafa . Um sama tíma ,
vísindamenn í Berkeley greint uppgötvun unnilhexium 263 eftir að varpa sprengjum californium 249 með
súrefni 18 . Árið 1993 , vísindamenn við Lawrence Livermore og Berkeley Laboratories endurtaka
tilraunina og staðfesti niðurstöðuna. Það var nefnt til heiðurs Glenn Seaborg .

BOHRIUM

Sætistala : 107

Táknið : Bh

Hópur VII B A Transactinide

Árið 1981 , the sköpun af unnilseptium var tilkynnt af eðlisfræðingum vinna í Darmstadt , Þýskalandi á
GSI . Liðið lagði nafn nielsbohrium eftir Neils Bohr . Rannsóknir kröfur þeirra voru staðfest árið 1992 með
IUPAC . Árið 1997 , þeir breytt nafninu í bohrium .

HASSIUM

Sætistala : 108

Táknið : Hs

Hópur VIII B A Transactinide

Árið 1984 lið leiða Peter Ambruster og Gottfried Munzenberg tilkynnti uppgötvun unniloctium , frumefni 108 . Þetta var sama lið sem höfðu samþætt bohrium . Nafnið þeir lagt var hassium eftir haasia latneska heiti fyrir þýska ríkisins Hesse. Árið 1992 IUPAC staðfesti niðurstöður og nafn . Efna-og eðliseiginleika eru óþekkt .

MEITNERIUM

Sætistala : 109

Táknið : Mt

Hópur VIII B A Transactinide

1982, Darmstadt liðið tilkynnti uppgötvun frumefni 109 með varpa sprengjum bismút 209 með hár orka járni 58 jónum. Ótrúlegt eins og það kann að virðast aðeins 3 frumeindir voru búin til og þeir skemmdar á nokkrum 3.4 þúsundasta úr sekúndu . Þeir lagt til að nefna það eftir Lise Meitner sem hafði hnefi lýst kjarnasamruna ásamt Otto Hahn.

UNUNNILIUM

Sætistala : 110

Táknið ; Uun

Hópur VIII B A Transactinide

Eftir næstum 10 ára alþjóðlegir vísindamenn vinna á GSI í Þýskalandi stilltur fjögur eða fimm atóm af nýju frumefni 110 . Nota stór eldsneytisgjöf að aka nikkel atóm til miklum hraða þeir sprengjuárás þunnt filmu af blýi með þessum fljótur áhrifamikill frumeindum nikkel . The nýr þáttur brýtur fljótt í sundur og decays í léttari atóm . Það var greind með 4 alfaeindum það gefur frá sér meðan rotnun ferli sínum .

Unununium

Sætistala : 111

Tákníð : uuu

Hópur IB A Transactinide

The efnafræðilegum eiginleikum frumefnis 111 eru ekki þekkt . Þar sem hann liggur í sama dálki sem gull og silfur það er væntanlega málmur . Eftir hraða nikkel atóm til miklum hraða Þýska vísindamenn sprengjuárás bismút með þessum fljótur áhrifamikill nikkel atómum. Að bera kennsl á þennan þátt er mikilvæg eins og það styður þá kenningu að til sé " eyja stöðugleika " fyrir þætti nálægt frumefni 114. . Þátturinn hefur helmingunartíma um 8 sinnum meiri ununnilium .

UNUNBIIUM

Sætistala : 112

Tákníð : Uub

II B A Transactinide

Febrúar 9,1996 GSI í Þýskalandi tilkynnti stofnun frumefni 112 alla inneign á alþjóðlegum hópi undir Peter Ambruster . Þeir höfðu sprengjuárás sink atóm sem hafði verið flýtt til miklum hraða með fljótur áhrifamikill byssukúlum blýs . Á meðan á árekstri tókst sínk atóm til að öryggi við the leiða atóm.

Vanadín

Sætistala : 114

Tákníð : Uuq

Hópur IB A Transcatinide

Árið 1999 lið af vísindamönnum að sameiginlegri Institute for Nuclear Research í Rússlandi tilkynnti the sköpun af a nýr öfgafullur - þungmálmum . Liðið nýtt hringhraðalshreyfing að bombard plútóníum 244 með geisla kalsíum 48 kjarna . Fftir um 40 daga bombardment , sem calicium kjarni með 20 róteindir bræddum með plútoni kjarna með 94 róteindir framleiða stak með 114 róteindir . Þó óstoðug hún lifði tiltölulega langan tíma .

The ásetningur að finna falinn svör náttúrunnar hefur dregið . Leitinni er enn fyrir sífellt áframhaldandi leit að nýjum superheavy þætti . Drifkrafturinn á bak við þessa viðleitni er leitin að þekkingu sem mun hefja ríkur nýja fræðasviði af kjarnorku -og efnafræðilegir eiginleikar frumefna .

Það er einnig meira gagnsemishyggja hvatning fyrir leit að þáttum sem gera upp eyjuna stöðugleika . Margir vísindamenn telja td að þessi nýja þætti mynda óvenjulegt efni með framandi eiginleika aldrei áður séð . Svörin leitað í þessu átaki eru grundvallaratriði til skilnings okkar á alheiminum .

www.ingramcontent.com/pod-product-compliance
Lightning Source LLC
Chambersburg PA
CBHW070721180526
45167CB00004B/1566